Franz Maximilian Hummel

Rutschungen in den Nördlichen Kalkalpen

GRIN Verlag

Bibliografische Information der Deutschen Nationalbibliothek:

Die Deutsche Bibliothek verzeichnet diese Publikation in der Deutschen National-
bibliografie; detaillierte bibliografische Daten sind im Internet über http://dnb.d-
nb.de/ abrufbar.

Impressum:

Copyright © 2010 GRIN Verlag, Open Publishing GmbH
Druck und Bindung: Books on Demand GmbH, Norderstedt Germany
ISBN: 978-3-640-74090-1

Dieses Buch bei GRIN:

http://www.grin.com/de/e-book/160689/rutschungen-in-den-noerdlichen-kalkalpen

Rutschungen in den Nördlichen Kalkalpen

Seminararbeit im Seminar „Steuerungsfaktoren geomorphologischer Prozesse"

Verfasser: Franz Hummel

Inhaltsverzeichnis

Abbildungsverzeichnis:

Tabellenverzeichnis:

1. Einleitung

In den Alpen stellen Massenbewegungen immer wieder eine große Gefahr für Menschen, Siedlungen und sonstige Infrastruktur dar, besonders wenn diese plötzlich und mit hoher Geschwindigkeit auftreten. Bereits kleinere Ereignisse dieser Art können zu schweren Schäden führen. Daher ist es wichtig, grundlegende Informationen über Massenbewegungen und ihre geomorphologischen Steuerungsfaktoren, die diese Bewegungen begünstigen oder gar auslösen, zu sammeln. Derartige Informationen bilden die Basis, um vernünftige Landnutzungspläne zu erstellen, wodurch wiederum Menschenleben und Sachwerte besser geschützt werden können (Ruff, Czurda, 2007).

Diese Arbeit beschäftigt sich im Folgenden mit gravitativen Massenbewegungen, vor allem aber mit Rutschungen. Zunächst werden grundlegende Begriffe im Zusammenhang mit gravitativen Massenbewegungen und Rutschungen vorgestellt. Danach werden konkrete Beispiele von Rutschungen in den Nördlichen Kalkalpen vorgestellt und auf die jeweiligen Steuerungsfaktoren, die diese Rutschungen begünstigt haben, eingegangen.

Abschließend gibt die Arbeit einen Ausblick auf mögliche Veränderungen bezüglich des Auftretens von Rutschungen im Zusammenhang mit dem Klimawandel.

2. Grundlagen gravitativer Massenbewegungen

2.1 Definition der gravitativen Massenbewegung

Als gravitative Massenbewegungen bezeichnet man allgemein abwärtsgerichtete Verlagerungsprozesse auf schwach geneigten bis steilen Hängen. Die Bewegung erfolgt primär durch die Schwerkraft und nicht, wie bei anderen Massenbewegungen, durch ein Transportmedium, wie etwa Wasser oder Luft (Zepp, 2004). Gravitative Massenbewegungen treten als verschiedene Sturz-, Gleit- und Versatzvorgänge auf, die ineinander übergehen. Sie lassen jedoch eine grobe Unterscheidung in punkt-, linien- und flächenhafte Prozesse zu (Leser, 2009). Im Gegensatz zur Erosion, der linienhaften Abtragung, steht der Begriff der Denudation für den flächenhaften Abtrag von Festgestein und Lockermaterial durch die Medien Wasser, Wind und Eis. Die gravitativen Massenbewegungen werden jedoch auch häufig zu den Denudationsprozessen gezählt (Gebhardt et al., 2007).

2.2 Klassifikationen von Massenbewegungen

Auf Basis der Standardisierungsvorschläge des World Landslide Inventory werden mehrere Massenbewegungstypen unterschieden. Dazu zählt das Fallen, Kippen, Gleiten, Driften, Fließen und die komplexe Form, die eine Mischung aus den zuvor genannten Bewegungstypen darstellt (Dikau et al., 2001). Tabelle 1 führt Massenbewegungstypen mit jeweils zugehörigen Beispielen auf. Diese Arbeit wird vornehmlich das Gleiten von Rutschungen behandeln.

Tabelle 1: Massenbewegungstypen und zugehörige Beispiele (nach Dikau et al., 2001, Seite 118).

Massenbewegungstyp	Beispiele
Fallen	Felssturz, Steinschlag
Kippen	Felskippung, Kippung im Lockersubstrat
Gleiten	
a) rotationsförmig	a) Rotationsrutschung
b) translationsförmig	b) Translationsrutschung, Blockgleitung, Blattanbruch, Schollenrutschung, Felsgleitung, Schuttrutschung, Schuttstrom
Driften	Bergzerreißung, Felsdriften, Bodendriften
Fließen	Murgang, Sackung (Felsfließen), Talzuschub
Komplex	Sturzstrom, Bergsturz

Je nach Bewegungsform wird von verschiedenen Massenbewegungen gesprochen. Diese Faktoren hängen von gewissen Randbedingungen ab (Zepp, 2004). Carson und Kirkby (1972) haben einen Ansatz für die Klassifizierung von Massenbewegungen am Hang aufgestellt. Abbildung 1 stellt diesen Ansatz dar.

Abbildung 1: Klassifizierung von Massenbewegungsprozessen am Hang (nach Carson, Kirkby, 1972, Seite 100).

Die Eckpfeiler des Diagramms werden durch die grundlegenden Bewegungstypen Stürzen, Gleiten, Fließen und Versatz gebildet. Entscheidend sind der Wasseranteil im Material und die Geschwindigkeit des ablaufenden Prozesses, um einen Vorgang einer bestimmten Massenbewegung zuzuordnen. Eine Rutschung weist beispielsweise einen gewissen Wasseranteil auf, der höher ist, als bei einem Bergsturz, Felssturz oder Steinschlag, jedoch geringer ist, als bei einer Fließung. Die Rutschung ist mit einer relativ hohen Geschwindigkeit eingestuft. Verringert sich diese, geht die Rutschung langsam in ein Bodenkriechen über (siehe Abbildung 1). In der Natur treten häufig Kombinationen zwischen diesen Klassen auf und die Übergänge sind fließend. Dies macht eine eindeutige Bestimmung vor Ort oftmals nicht einfach (Zepp, 2004).

2.3 Wichtige Steuerungsfaktoren für das Auftreten von Rutschungen an Hängen

In den meisten Fällen gibt es mehrere Gründe für das Auftreten von Instabilitäten an Hängen. Alle Vorgänge spielen eine Rolle, die entweder direkt auf den Hang einwirken oder die Widerstandsfähigkeit des Hangmaterials herabsetzen, auf das die erstgenannten Kräfte einwirken (Goudie, 2002).

Wichtige Steuerungsfaktoren geomorphologischer Prozesse sind das Klima, mit seinem direkten und indirekten Einfluss auf die Temperatur, Wasserverfügbarkeit, Vegetation und Boden, das vorhandene Relief mit seinen Höhendifferenzen und der sich daraus ergebenden Reliefenergie, die Lithologie der beteiligten Gesteine, sowie die Gesteinslagerung, die Tektonik und die Zeit. Vor allem das Klima und die Struktur (Lithologie und Lagerung) sind bedeutende Steuerungsfaktoren (Gebhardt et al., 2007).

In der Untersuchung gravitativer Massenbewegungen können die vorbereitenden Faktoren der Bewegung (Disposition) von den prozessauslösenden Faktoren (Trigger) und den kontrollierenden Faktoren unterschieden werden (Crozier, 1989).

Vorbereitende Faktoren disponieren einen Hang für eine Massenbewegung. Das bedeutet, dass diese Faktoren den Hang destabilisieren und in einen Zustand nahe den Grenzbedingungen führen, ohne den Prozess auszulösen. Auslösende Faktoren, sogenannte Trigger, initiieren die Massenbewegung durch Überschreiten des Grenzgleichgewichtes und überführen den Hang in den aktiv instabilen Zustand. Kontrollfaktoren steuern die Bewegungsbedingungen der bewegten Masse. Die Hangneigung oder die vorhandene Vegetation steuern beispielsweise sowohl die Reichweite als auch die Ausbreitungsrichtung des Materials. Die komplexen Zusammenhänge dieser Faktoren und Zustände stellen einen wesentlichen Kern der heutigen Erforschung von Massenbewegungen dar (Dikau et al, 2001). Tabelle 2 zeigt eine Auflistung von vorbereitenden, auslösenden und kontrollierenden Faktoren.

Tabelle 2: Eine Auswahl vorbereitender, auslösender und kontrollierender Faktoren, die für Massenbewegungen relevant sind (nach Dikau et al., 2001, Seite 120).

vorbereitende Faktoren (Disposition)	auslösende Faktoren (Trigger)	kontrollierende Faktoren
Verwitterung	Niederschlag	Hangneigung
geotechnische Material-eigenschaften	(Intensität, Menge)	Hangwölbung
Schichtung	schnelle Schneeschmelze	Vegetation
Vorregen	Hanganschnitte*	Gerinnerauhigkeit
Schneeschmelze	Hangunterschneidung*	Weitertransport
schmelzender Permafrost	Erdbeben	bewegter Masse
Bodentyp und -art	Vulkanausbrüche	
Vegetationsbedeckung	Auflast	
Entwaldung	schnelle Wasser-spiegelschwankungen	
Änderung der Boden-hydrologie (z.B. durch Staudammbau)		

*diese Faktoren können, je nach Stabilitätszustand des Hanges, sowohl vorbereitend als auch auslösend wirken

Abbildung 2 zeigt ein Schaubild, welches die drei Zustände an einem Hang (stabiler Zustand, stabiler Zustand nahe der Grenzbedingungen, aktiv instabiler Zustand) und den Zeitpunkt der Faktoren (vorbereitendend, auslösend und kontrollierend) darstellt, an dem diese Faktoren wirksam sind.

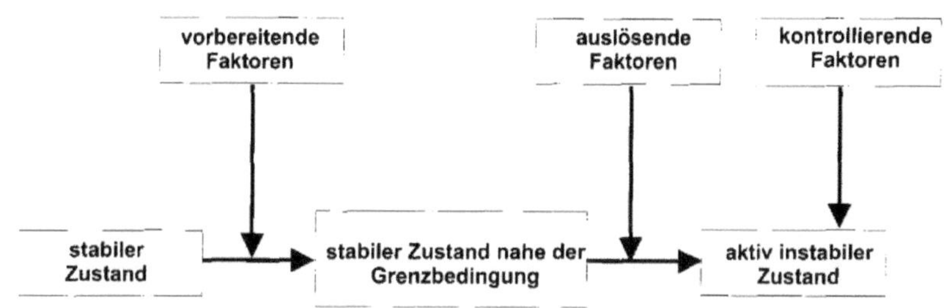

Abbildung 2: Vorbereitende, auslösende und kontrollierende Faktoren von Massenbewegungen (Dikau et al., 2001, Seite 120).

Je nach natürlicher Disposition, Typ der Massenbewegung und des Auslösers variieren die Bewegungsraten von Millimeter pro Jahr (kriechende, schleichende Bewegung) bis hin zu mehreren Metern pro Sekunde (sehr schnelle Bewegung) (Gebhardt et al., 2007).

Nachdem nun die wichtigsten Begriffe und Grundlagen von gravitativen Massenbewegungen und Rutschungen erläutert wurden, widmet sich der nächste Abschnitt zunächst den besonderen naturräumlichen und klimatischen Gegebenheiten der Nördlichen Kalkalpen. Danach wird je ein Beispiel für eine Translations- und eine Rotationsrutschung aus diesem Naturraum vorgestellt und die Steuerungsfaktoren genauer untersucht, die diese Rutschungen begünstigt haben.

3. Rutschungen in den Nördlichen Kalkalpen

Bevor die beiden Beispiele von Rutschungen in den Nördlichen Kalkalpen vorgestellt werden, gibt diese Arbeit einen kurzen Überblick über die naturräumlichen und klimatischen Gegebenheiten in diesem Gebiet.

3.1 Lage und Klima in den Nördlichen Kalkalpen

Abbildung 3 zeigt die Alpen in einer Grobgliederung. Die Nördlichen Kalkalpen erstrecken sich dabei nach Pfiffner (2009), vereinfacht ausgedrückt, in einem etwa 50 Kilometer breiten Band aus mesozoischen Sedimenten von den Allgäuer Alpen bis zum Wienerwaldgebirge (siehe Feld 1, Abbildung 3). Möbus (1997) und Pfiffner (2009) geben sehr detaillierte Beschreibungen zu geographischer Lage, Ausdehnung, Verlauf, sowie zu geologisch-tektonischem Aufbau der Nördlichen Kalkalpen.

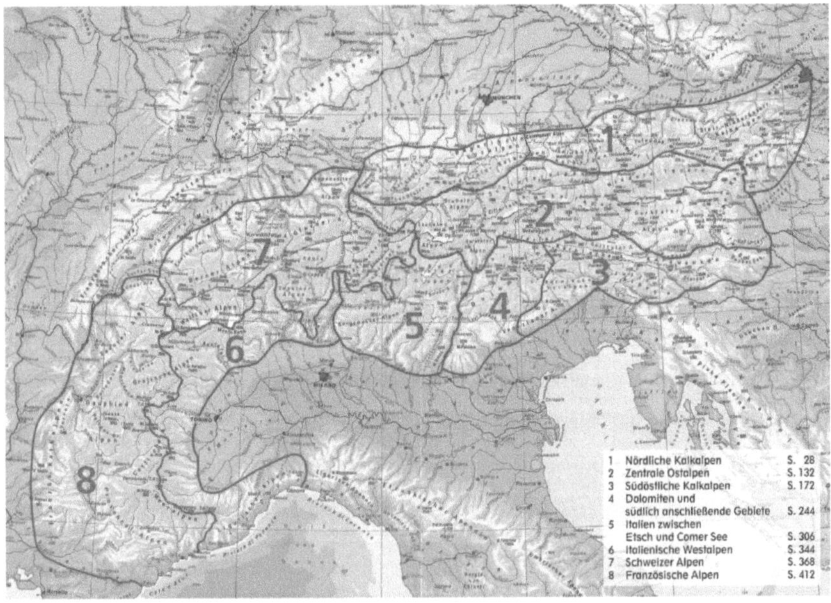

Abbildung 3: Grobgliederung der Alpen (Werner et al., 2010, Seite 27).

Klimatisch sind in den Ostalpen die feuchten Nord- und Südränder markant. Sie heben sich deutlich von den trockenen Zentralalpen ab. Auf der Südseite der Alpen fällt der meiste Niederschlag während konvektiver Sommergewitter, im Norden gibt es dagegen vermehrt frontale und orographische Niederschläge geringer Intensität. Der Norden der Alpen ist eher sommerfeucht, der Süden, wegen dem mediterranen Einfluss, eher winterfeucht. Mit der Höhe nimmt der Niederschlag in den Alpen zu, regional allerdings sehr unterschiedlich. Die nicht nur höhenabhängige, sondern generell reliefinduzierte Niederschlagsdifferenzierung, ist eine Folge der vorwiegend advektiven Niederschläge (Veit, 2009). Gewisse Mengen an Niederschlägen sind zusammen mit Temperaturen, die Wasser in flüssiger Form ermöglichen, wichtige Bedingungen für das Auftreten von Rutschungen an einem Ort (Crozier, 2010).

Naturräumliche und klimatische Gegebenheiten der Nördlichen Kalkalpen werden im Rahmen der beiden Beispiele von Rutschungen in diesem Naturraum vorgestellt. Jedoch nur in dem Maße, wie es zur Erläuterung ihrer Rolle als geomorphologische Steuerungsfaktoren, die die Massenbewegungen begünstigt haben, notwendig ist.

3.2 Beispiele für Rutschungen in den Nördlichen Kalkalpen

Es gibt mehrere Arten von Rutschungen. Die Scherflächen, auf denen sich das Material bewegt, können vorgegeben sein, etwa durch Schichtung, Schieferung oder Klüftung, oder durch den Bruchvorgang neu entstehen. Je nachdem wie die Gleitfläche der Rutschung ausgebildet ist, sind im Wesentlichen drei Arten von Rutschungen unterscheidbar. Rotationsrutschungen, Translationsrutschungen und zusammengesetzte Rutschungen (Nemcok et al. 1972). Letztgenannte sind die häufigste Rutschungsart und vereinen sowohl translative als auch rotative Komponenten (Ruff et al., 2005). Alle Rutschungen sind dabei dem Bewegungstyp Gleiten zugeordnet, der einen Vorgang beschreibt, bei dem Fest- oder Lockermaterial eine hangabwärts gerichtete Bewegung auf einer Gleitfläche oder auf dünnen Zonen intensiver Scherformung vollzieht (Dikau et al., 2001).

Kapitel 3.2 stellt nun im Folgenden eine translative (siehe Abschnitt 3.2.1, Seite 12ff) und eine rotative Rutschung (siehe Abschnitt 3.2.2, Seite 17ff) in den Nördlichen Kalkalpen vor.

3.2.1 Die Felsgleitung von Goldau

Die Ortschaft Goldau ist im östlichen Teil der Schweiz, im Kanton Schwyz, am Fuße des Rossbergs und somit am westlichen Rand der Nördlichen Kalkalpen gelegen. Am zweiten September des Jahres 1806 ereignete sich dort eine große Rutschung, bei der 30 bis 40 Millionen Kubikmeter Gestein des Rossbergs talwärts abgegangen sind. Die abgeglittene Felsmasse zerfiel zu Schutt und breitete sich auf einer Länge von nahezu zwei Kilometern aus. Sie war zudem mehrere hundert Meter breit und bis zu 80 Meter dick. Der Rossberg verlor bei diesem Ereignis etwa ein Promille seiner Masse. Die Dörfer Goldau, Röthen und Teile von Buosingen wurden unter einer bis zu 50 Meter dicken Schuttschicht begraben. Zudem stürzte ein Teil des Schuttes in den nahe liegenden Lauerzer See. Dies hatte eine 20 Meter hohe Flutwelle zur Folge, die zusätzlichen Schaden auf der Insel Schwanau, die im See gelegen war, anrichtete. Durch die eindringenden Schuttmassen verkleinerte sich zudem die Fläche des Sees um etwa ein Siebtel. Bei dem Unglück kamen fast 500 Menschen ums Leben und die betroffenen Ortschaften wurden schwer beschädigt. Die Felsgleitung von Goldau gilt bis heute als die größte historische Naturkatastrophe der Schweiz und wird oft, wegen ihres großen Ausmaßes, auch als Bergsturz bezeichnet (Thuro et al., 2005).

Bei der Felsgleitung von Goldau handelt es sich um eine translative Rutschung, bei der das Gestein auf einer ebenen bis leicht gewölbten Scherfläche abgleitet (Leser, 2009). Dabei spielten mehrere geomorphologische Steuerungsfaktoren eine Rolle. Ein wichtiger Faktor war die Geologie, die ausführlich von Heim (1932), Kopp (1936) und Lehmann (1942) untersucht wurde. Der Rossberg besteht aus einer Wechselfolge von Schichten aus Tonmergel und Sandstein, sowie mächtigen Konglomeratbänken, dem sogenannten Nagelfluh, der unteren Süßwassermolasse (Thuro et al, 2005). Die Nagelfluhbänke sind dabei in dieser Anordnung vergleichsweise hart und verwitterungsresistent, Mergel und Sandsteine sind dagegen weicher und leichter verwitterbar. Durch chemische Verwitterung kam es im Lauf der Zeit zu einer Entkalkung in den Mergeln, wodurch kalkärmere Tonschluff-Gemische entstanden sind. Dies reduzierte die Kohäsion zwischen den Tonpartikeln und setzte die Reibung innerhalb des Materials herab, was eine Rutschung begünstigte (Berner, 2004). Im oberen Bereich der Felsgleitung lag die Versagensfläche auf stark verwitterten Mergeln, auf denen dann die aufliegenden, mächtigen Konglomeratschichten abgeglitten sind (Thuro et al., 2005). Abbildung 4 (auf Seite 13) zeigt die Gleitfläche zwischen den Konglomeratschichten und den verwitterten Mergeln.

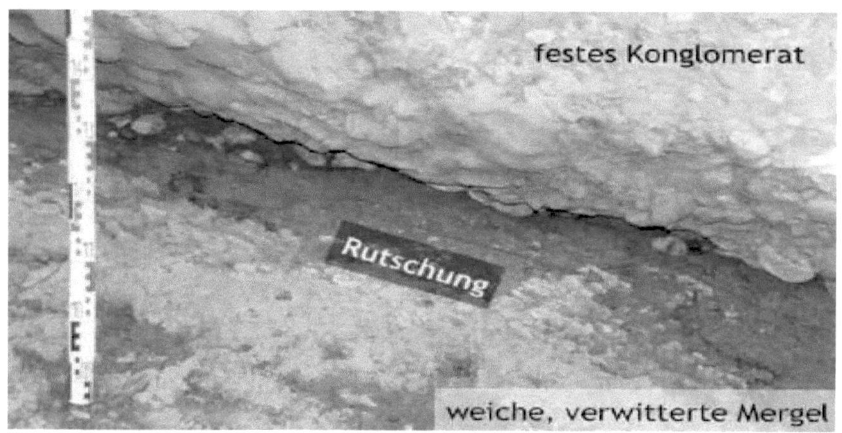

Abbildung 4: Kontaktfläche von Konglomerat auf Mergel. Die Rutschfläche entwickelt sich in dem weichen und stark verwitterten Teil des Mergels (Thuro et al., 2005, Seite 305).

Ein weiterer wichtiger Steurungsfaktor ist die relative Lage der Schichtung des Gesteins zusammen mit der Hangneigung (siehe Abbildung 5). Man sieht, dass die relative Lage der Schichtung hangabwärts in etwa gleich mit dem Hanggefälle einfällt. Die Hangneigung fällt auf der Gleitfläche im Mittel 20-25° nach Süden ein. Maximal beträgt sie 30°, im Talbereich liegt sie bei etwa 15° (Thuro et al., 2006). Diese talwärts gerichtete Schichtung ist zusammen mit dem vorhandenen Gefälle nach Ruff et al. (2005) ein weiterer begünstigender Faktor für eine Rutschung.

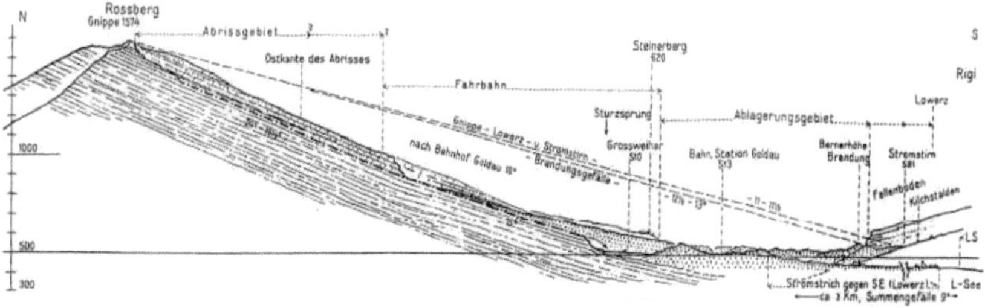

Abbildung 5: Profilschnitt durch die Gleitbahn und östliche Abrisswand der Felsgleitung von Goldau (nach Heim, 1932 in Thuro et al., 2005, Seite 306).

Ein weiterer wichtiger Faktor, der die Rutschung vorbereitet hat, ist Wasser. In den Tagen vor der Felsgleitung sorgten ergiebige, langandauernde Niederschläge dafür, dass die Böden mit Wasser gesättigt wurden. Zusätzlich kam Wasser aus Schneeschmelzen hinzu, die im Jahr 1806 sehr stark ausfielen (Thuro et al., 2006). Wasser beeinflusst viele Vorgänge im Boden und ist ein mitentscheidender Faktor für die Stabilität oder Instabilität eines Hanges. Solange der Boden einen gewissen Wassergehalt unter der Sättigungsgrenze aufweist, verstärkt Wasser durch Kapillarkräfte die Kohäsion der Bodenpartikel und stabilisiert dadurch sogar in einem gewissen Maße einen Hang. Wird der Boden jedoch gesättigt, sind die Poren vollständig mit Wasser gefüllt. Dadurch entsteht ein Porenwasserdruck, der die Bodenteilchen auseinander drängt und auch für Auftrieb sorgen kann. In diesem Fall nimmt die Kohäsion des Bodenmaterials stark ab und die Reibung verringert sich ebenfalls signifikant. Dies begünstigt dann eine Bewegung des Materials (Goudie, 2002). Wasser kann jedoch nicht nur zu einer Verminderung der Kohäsion im Boden führen. Durch das zusätzlich aufgenommene Wasser hat der Boden ein höheres Gewicht und somit eine höhere Scherkraft hangabwärts. Beide Faktoren begünstigen das Auftreten von Rutschungen (Ahnert, 2009).

Hangstabilisierend wirkten sich hingegen Bäume aus, die auf dem Rossberg standen. Der Effekt der Vegetation auf die Hangstabilität ist komplex (Varnes, 1984). Prandini et al. (1977) weisen darauf hin, das Bäume Wasser auffangen und speichern. Dieses Wasser erzeugt dann keinen zusätzlichen Porendruck im Boden. Die Wurzeln der Bäume erhöhen zudem die Verankerung des Bodens und erzeugen einen negativen Porendruck im Boden, der zu einer erhöhten Kohäsion der Bodenpartikel entlang der Wurzeln führt. Abgeworfene Biomasse schützt zudem vor Erosion der oberen Bodenschicht durch Einflüsse von Abfluss und Niederschlag (Prandini et al., 1977).

Die vorbereitenden Faktoren (Materialeigenschaften der Gesteine, Verwitterung, Schichtung, Vorregen, Schneeschmelze) der Disposition haben den Hang am Rossberg im Laufe der Zeit immer mehr an seine Grenzbedingungen geführt. Mit den weiteren ergiebigen Niederschlägen und dem Wasser aus der Schneeschmelze wurde die Scherkraft an dem Hang zu stark. Sie waren damit die auslösenden Faktoren, die den Hang in einen aktiv instabilen Zustand versetzt haben. Die Neigung und Ausrichtung des Hanges, sowie die geringe Rauigkeit der Gleitfläche führten als kontrollierende Faktoren zu dem schnellen Abgang des Materials talwärts in Richtung der betroffenen Ortschaften (siehe dazu die Erläuterungen aus Abschnitt 2.3, Seite 7ff).

Eine Übersicht über Massenbewegungen am Rossberg gibt Abbildung 6. Dort sind neben der Felsgleitung von 1806 (Punkte 3a und 3b), auch frühere Massenbewegungen (Punkte 1 und 2), sowie eine Felsgleitung von 2002 (Punkt 4) und eine Zone mit Anzeichen für eine Rutschung in naher Zukunft (Punkt 5) dargestellt. Die Ausdehnung des Schuttmaterials der Felsgleitung aus dem Jahr 1806 ist ebenfalls eingezeichnet (Thuro et al., 2005).

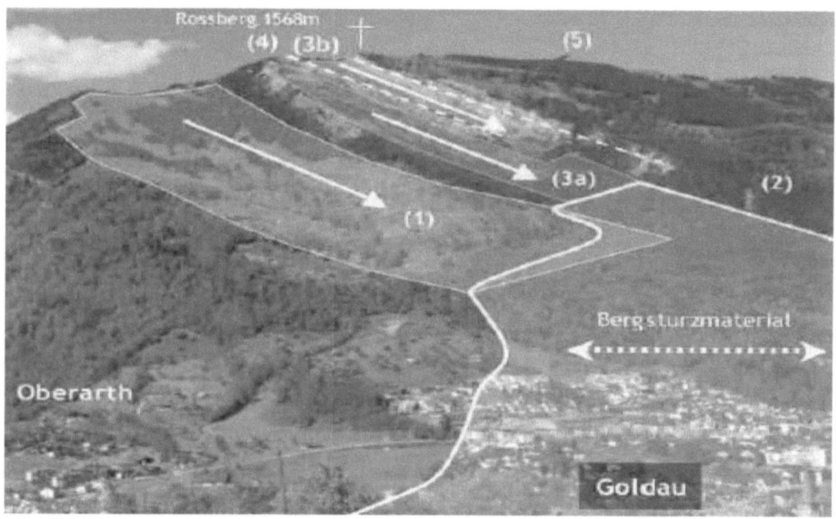

Abbildung 6: Gleitflächen am Rossberg mit (1) prähistorischer Rutschung (2) Röthener Rutschung von 1222 (3) Felsgleitung von 1806 (4) Felsrutschung von 2002 (5) zukünftiges Ereignis? (nach Thuro et al., 2005, Seite 305).

Die Geschwindigkeit der Felsgleitung von Goldau war sehr hoch und ist bei translativen Rutschungen in der Regel höher als bei rotativen Ereignissen, da sich die abgleitende Masse auf der relativ geraden Scherfläche nicht in ein neues Gleichgewicht bringen kann, bis das Ende des Hanges erreicht ist. Auf steilen und längeren Gleitflächen, wie es beim Rossberg der Fall war, wird das Gestein deformiert und zerfällt schließlich nach einiger Zeit. Es bilden sich für Felsgleitungen typische Abrisskanten und Gleitflächen aus, auf denen das Material in das Akkumulationsgebiet gleitet (Dikau et al., 1996). Abbildung 7 und Abbildung 8 zeigen Bilder der Abrisskanten, Gleitflächen und des Akkumulationsgebietes der Goldauer Felsgleitung.

Abbildung 7: Oberer Bereich der Gleitfläche mit Konglomeratbänken und östlicher Begrenzung der Felsgleitung von Goldau (nach Thuro et al., 2006, Seite 15).

Abbildung 8: Abrissbereich (linkes Bild), Östlicher Abbruchrand (mittleres Bild), Gleitfläche und Ablagerungsbereich (rechtes Bild) der Felsgleitung von Goldau (nach Thuro et al., 2005, Seite 306).

In Abschnitt 3.2.1 wurde die Felsgleitung von Goldau als Beispiel für eine translative Rutschung vorgestellt. Dabei gingen die Erläuterungen besonders auf die verschiedenen Steuerungsfaktoren ein, die zu der Rutschung damals geführt haben. Abschnitt 3.2.2 beschreibt nun, unter welchen Bedingungen rotative Rutschungen auftreten. Dafür wird eine flachgründige Rotationsrutschung in Vorarlberg untersucht.

3.2.2 Rotationsrutschung in Vorarlberg

Im Frühling des Jahres 2004 ereignete sich in Vorarlberg eine flachgründige, in den Hang gerichtete, Rotationsrutschung im Hangschutt am Wiestobel. Vorarlberg ist im westlichsten Teil von Österreich gelegen und befindet sich damit auch im westlichen Bereich der Nördlichen Kalkalpen (Ruff et al., 2005). Rotative Rutschungen können nach Dikau et al. (1996) in Festgestein, Schutt oder Bodenmaterial auftreten und werden in einfache, mehrfache und sukzessive Rutschungen unterschieden (siehe dazu auch Abbildung 9). Bei der Rutschung am Wiestobel handelt es sich um eine einfache Rotationsrutschung von Bodenmaterial und Schutt. Zudem ist die Rutschung flachgründig (Ruff et al., 2005). Die Schwächezone liegt nicht sehr tief im Hang, sodass diese Massenbewegung als „slope failure" bezeichnet werden kann (siehe Abbildung 9).

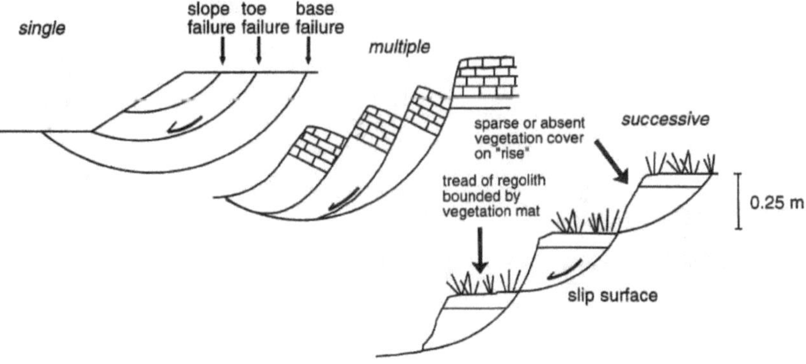

Abbildung 9: Verschiedene Arten von rotativen Rutschungen (nach Dikau et al., 1996, Seite 45).

Abbildung 10: Flachgründige Rotationsrutschung im Hangschutt am Wiestobel in Vorarlberg, Österreich (nach Ruff et al., 2005, Seite 46).

Abbildung 10 zeigt ein Bild der Rutschung am Hang des Wiestobel. Sie war fast 40 Meter lang und bis zu 15 Meter breit (Ruff et al., 2005). Wichtige geologische Steuerungsfaktoren waren hier vor allem, wie auch bei der Felsgleitung von Goldau, die Geologie, die Hangneigung, sowie ausreichend vorhandenes Wasser. Am Wiestobel sammelte sich über längere Zeit Lockermaterial in einer Senke. Dabei handelte es sich um schluffiges, mergeliges Feinmaterial, sowie Schuttbrocken aus Sandstein und Mergelgestein. Dieses gemischte Material wurde bereits durch ergiebige Schneeschmelzwässer im Frühling vorgesättigt und gelangte durch abnehmende Kohäsion und Reibung, sowie zunehmende plastische Verformbarkeit innerhalb des Materials immer näher an seine Stabilitätsgrenze. Zusätzlich erhöhte sich durch die zunehmende Feuchtigkeit im Material die Auflast auf den Hang. Die dann folgenden langanhaltenden und ergiebigen Niederschläge führten zu einer Konzentration des Abflusses in die Senke am Wiestobel. Dieses zusätzliche Wasser sättigte das Material auf und erhöhte dadurch das aufliegende Gewicht noch weiter (Ruff et al., 2005).

Dieser Druck führte dazu, dass sich in einer gewissen Tiefe im Inneren des Hanges die durchfeuchteten Ton- und Schluff-Gemische des Bodens plastisch verformten und wie eine Gleitbahn für das darüber liegende Material wirkten (Dikau et al., 1996). Das bewegte Material sinkt dabei auf einer zylindrischen Scherfläche in den Hang ein und gleitet dabei rückwärts rotierend. Die Rotation während der Rutschung und die Lage der Scherfläche bewirken, dass gleichzeitig mit dem Abgleiten und Rückwärtskippen des oberen Teils der rutschenden Masse, sich das Material am Ende der Schwächezone nach vorn bewegt und zum Ende der Bewegung nach oben gedrückt wird (Ahnert, 2009). Das rotierende Material wird dabei in seiner internen Struktur nur wenig deformiert, weshalb der Vorgang auch nicht zu den fließenden Massenbewegungen gezählt wird. Lediglich am Fuße der Rutschung entsteht ein hangabwärts gerichteter Strom von durchfeuchteter Erde (Dikau et al., 1996). Wegen der großen Bedeutung der Veränderung der Festigkeitszustände beim Ablauf dieser Prozesse, werden solche Rutschungen oftmals auch als Konsistenzrutschungen bezeichnet (Leser, 2009). Abbildung 11 zeigt schematisch ein Blockdiagramm einer rotativen Rutschung. Darin ist zu sehen, dass sich im oberen Bereich der Rutschung eine Abrissnische bildet. Die rutschende Masse kann auch noch kleinere Spannungsrisse im Verlauf der Bewegung ausbilden. Am Wiestobel war dies jedoch nicht sichtlich ausgeprägt (siehe Abbildung 10, Seite 18). Auch gut erkennbar wird in dem Blockdiagramm das Ausfließen von durchfeuchtetem, gelockertem Material am Fuß der Rutschung. Am Wiestobel waren dies vor allem Bodenpartikel im Korngrößenbereich von Ton und Schluff (Ruff et al., 2005).

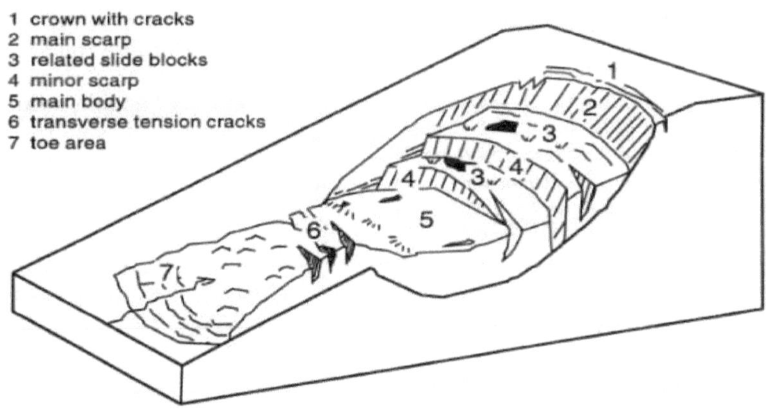

Abbildung 11: Typisches Blockdiagramm einer rotativen Rutschung (nach Varnes, 1978 in Dikau et al., 1996, Seite 45).

Es wurde bereits festgestellt, dass rotative Rutschungen meist deutlich langsamer ablaufen, als translative Rutschungen. Am Wiestobel bewegte sich die flachgründige Rotationsrutschung zudem lediglich auf eine kleinere Straße zu, ohne dort Schäden anzurichten (siehe Abbildung 10, Seite 18).

Anders verhält sich dies etwa bei großen Bergstürzen, Schlammlawinen oder Felsgleitungen, die plötzlich und mit hoher Geschwindigkeit, im Bereich von mehreren Metern pro Sekunde, als bedeutende Naturkatastrophen auftreten und oftmals Menschenleben fordern oder hohe Sachschäden verursachen. Die Felsgleitung von Goldau ist dafür ein gutes Beispiel (siehe Abschnitt 3.2.1). Ausführliche Erläuterungen zur Identifikation verschiedener Massenbewegungen, den jeweiligen Bewegungsabläufen und Ursachen finden sich in Dikau et al. (1996).

3.3 Abschließende Bemerkungen zu den Steuerungsfaktoren von Rutschungen

Bei der Felsgleitung von Goldau spielte eine Wechsellagerung von Mergelgestein, Sandstein und Nagelfluhbänken eine Rolle. Diese Materialien sind unterschiedlich hart und verwitterungsresistent. Die Rutschung fand translativ, mit einer relativen hohen Geschwindigkeit, auf einer vorgegebenen Schwächezone zwischen weichen, verwitterten Mergeln und härteren, resistenteren Konglomeraten statt (siehe Abschnitt 3.2.1). Die flachgründige Rutschung am Wiestobel hatte ihre Ursachen dagegen hauptsächlich in einer sich erhöhenden Auflast in einem Gemisch aus Schuttbrocken und Bodenmaterial aufgrund von zusätzlichem Wasser aus Schneeschmelzen und ergiebigen Niederschlagsereignissen. Dies führte zusammen mit einer einhergehenden, zunehmenden Plastizität, sowie einer verringerten Kohäsion und Reibung innerhalb des tonig-schluffigen Gemisches dazu, dass in einer gewissen Tiefe im Hang der Druck der Auflast so groß wurde, dass sich der Ton plastisch verformte und zusammen mit dem Wasser eine flüssige Gleitbahn ausbildete. Dadurch bildete sich eine, im Vergleich zu einer Felsgleitung langsam ablaufende, in den Hang sinkende und rückwärts rotierende Rutschung des darüber liegenden Materials aus (siehe Abschnitt 3.2.2).

Abschließend sei nochmals erwähnt, dass es eine Reihe von Faktoren gibt, die Massenbewegungen an einem Hang begünstigen. Sie lassen sich in zwei große Gruppen einteilen. Ein Punkt betrifft dabei alle Umstände, die die Scherkräfte erhöhen können. Zunächst einmal kann stützendes Material am Fuß des Hanges geschwächt oder abgetragen werden. Dies entspricht einer Versteilung des Hanges. Zudem können die Scherkräfte durch eine zusätzliche Materialbeanspruchung erhöht werden. Dies ist dann der Fall, wenn Wasser im Boden gespeichert wird oder sich zusätzliche Lasten, wie etwa mächtige Schneedecken oder Gebäude, auf dem Hang befinden. Erhöhter Porenwasserdruck kann in Spalten und Rissen, besonders in der Belastungszone an der Rückseite einer Rutschung, die Scherkraft zusätzlich erhöhen. Der andere große Punkt bezieht sich auf die Faktoren, die die Kohäsionskräfte innerhalb des Materials verringern. Dafür sind vor allem Tone, Schiefer oder Glimmer anfällig, wenn nach langanhaltenden oder starken Niederschlägen oder zu Zeiten der Schnee- und Gletschereisschmelze im Gebirge der Boden stark mit Wasser gesättigt wird und durch den erhöhten Porenwasserdruck die Bodenpartikel auseinander gedrückt werden. Ebenso können Einflüsse der Verwitterung die Kohäsion mindern, wenn etwa dadurch die Bindungskräfte zwischen Teilchen verringert werden (Cooke, Doornkamp, 1974). Weiterführende Erläuterungen zu auftretenden Kräften an einem Hang finden sich in Ahnert (2009). Leser (2009) erklärt anschaulich die Effekte von Wasser auf tonhaltige Materialien.

3.4 Auswirkungen des Klimawandels auf das Auftreten von Rutschungen

Mit einer Erwärmung der Lufttemperaturen im Zuge des Klimawandels kann die Luft mehr Wasser aufnehmen. Dadurch treten vermutlich auch Starkniederschlagsereignisse öfter auf (Fowler, Hennessy, 1995). Niederschlag ist der häufigste Auslöser für Rutschungen, noch vor Erdbeben und Hanguntergrabungen (Crozier, 1989). Aufgrund dieser Zusammenhänge wird im Zuge des Klimawandels mit einem vermehrten Auftreten von Rutschungen gerechnet, zumal mit steigenden Lufttemperaturen auch mehr Niederschlag in Form von Regen und weniger in Form von Schnee fallen wird. Dort, wo sich dadurch der Wasserkreislauf intensiviert, sind durchaus mehr Rutschungen zu erwarten (Crozier, 2010). Studien von Clague (2009) und Huggel (2009) vermuten zudem, dass der Rückgang von Gletschern und das Auftauen des Permafrosts zu mehr Rutschungen in den Alpen führen werden.

Die Quantifizierung dieser Punkte erweist sich jedoch als schwierig und ist mit größeren Unsicherheiten behaftet. Deshalb ist eine Abschätzung darüber nur bedingt möglich, wo und in welcher Intensität in Zukunft mit einem vermehrten Auftreten von Rutschungen und anderen Massenbewegungen zu rechnen ist (Crozier, 2010).

4. Schluss

Diese Arbeit hat grundlegende Begriffe im Zusammenhang mit gravitativen Massenbewegungen und Rutschungen aufgezeigt. Die Felsgleitung von Goldau aus dem Jahre 1806 und die flachgründige Rotationsrutschung am Wiestobel in Vorarlberg in Österreich aus dem Jahr 2004 stellten zwei Beispiele für Rutschungen in den Nördlichen Kalkalpen vor. In beiden Fällen wurde dabei besonderen Wert auf die Darstellung der geomorphologischen Steuerungsfaktoren gelegt, die diese Rutschungen begünstigt haben.

Es bleibt festzuhalten, dass Rutschungen in den Alpen ein Georisiko darstellen und plötzlich zu Naturkatastrophen für den Menschen werden können. Dies hat das Beispiel der Felsgleitung von Goldau gezeigt. Wie sich die Gefahrenlage in Zukunft mit den Veränderungen des Klimawandels darstellen wird, ist schwer zu sagen. Jedoch wird bereits die Anfälligkeit von Regionen für das Auftreten von Rutschungen und anderen Massenbewegungen mit Geographischen Informationssystemen modelliert. Dabei spielen die naturräumlichen und klimatischen Gegebenheiten an einem Ort eine Rolle, da sie bestimmen, wie stark sich die geomorphologischen Steuerungsfaktoren, die die Massenbewegungen begünstigen, auswirken. Mit Hilfe dieser Informationen wird dann die resultierende Gefährdung für den Menschen abgeschätzt. In den letzten Jahren wurden bereits zahlreiche Studien, wie etwa Ruff, Czurda (2007), in diesem Themenfeld durchgeführt. Derartige Ansätze können einen wichtigen Beitrag leisten, um gefährdete Gebiete zu erkennen und Menschenleben zu schützen.

Literaturverzeichnis:

Ahnert, F. (2009): Einführung in die Geomorphologie. Verlag Eugen Ulmer, Stuttgart.

Berner, C. (2004): Der Bergsturz von Goldau. Geologie, Ausbreitung und Dynamik des größten historischen Bergsturzes der Schweiz. ETH Zürich, Zürich.

Carson, M., A., Kirkby, M., J. (1972): Hillslope Form and Process. Cambridge Geographical Studies, Vol. 3, Cambridge University Press, Cambridge.

Clague, J. J. (2009): Climate change and slope stability. In: Sassa, K., Canuti,. P. (Hrsg.): Landslides - Disaster Risk Reduction. Springer-Verlag, Berlin, Heidelberg, S. 557-572.

Cooke, R., U., Doornkamp, J., C. (1974): Geomorphology in Environmental Management. Clarendon Press, Oxford.

Crozier, M. J. (1989): Landslides: Causes, consequences and environment. Routledge.

Crozier, M. J. (2010): Deciphering the effect of climate change on landslide activity: A review. In: Geomorphology (2010)

Dikau, R., Brunsden, D., Schrott, L., Ibsen, M., L. [Hrsg.] (1996): Landslide recognition. Identification, Movement and Causes. John Wiley & Sons, Chichester.

Dikau, R., Stötter, J., Wellmer, F.-W., Dehn, M. (2001): Massenbewegungen. In: Plate, E., Merz, B. [Hrsg.]: Naturkatastrophen – Ursachen, Auswirkungen, Vorsorge. Stuttgart, S. 114 – 138.

Fowler, A. M., Hennessy, K. J. (1995): Potential impacts of global warming on the frequency and magnitude of heavy precipitation. In: Natural Hazards, Vol. 11, S. 283-303.

Gebhardt, H., Glaser, R., Radke, U., Reuber, P. [Hrsg.] (2007): Geographie. Physische Geographie und Humangeographie. Spektrum Akademischer Verlag, Heidelberg.

Goudie, A. (2002): Physische Geographie. Eine Einführung. 4. Auflage, Spektrum Akademischer Verlag, München.

Heim, A. (1932): Bergsturz und Menschenleben. Naturforschende Gesellschaft Zürich, Zürich.

Huggel, C., 2009. Recent extreme slope failures in glacial environments: effects of thermal perturbation. In: Quaternary Science Reviews 28, S. 1119-1130.

Kopp, J. (1936): Die Bergstürze des Rossbergs. – Versammlung Solothurn 1936. In: Eclogae Geologica Helveticae, Vol. 29 (2), S. 490 – 493.

Lehmann, O. (1942): Über Böschungswinkel und Böschungshöhen im Hinblick auf den Bergsturz von Goldau. In: Eclogae Geologica Helveticae, Vol. 35 (1), S. 55 – 65.

Leser, H. (2009): Geomorphologie. 4. Auflage, Westermann Druck GmbH, Braunschweig.

Nemcok, A., Pajek, J., Rybar, J. (1972): Classification of Landslides and other Mass Movements. In: Rock Mechanics, Vol. 4, S. 71 – 78.

Pfiffner, O., A. (2009): Geologie der Alpen. Haupt Verlag, Bern, Stuttgart, Wien.

Prandini, L., Guidicini, G., Bottura, J., A., Poncano, W., L., Santos, A., R. (1977): Behavior of the Vegetation in Slope Stability: A Critical Review. In: International Association Engineering Geology Bulletin, Vol. 16, S. 51 – 55.

Ruff, M., Czurda, K. (2007): Landslide Susceptibility Analysis with a Heuristic Approach at the Eastern Alps (Vorarlberg, Austria). In: Geomorphology, Vol. 94, S. 314 – 324.

Ruff, M., Kühn, M., Czurda, K. (2005): Gefährdungsanalyse für Hangbewegungen. In: Vorarlberger Naturschau, Vol. 18, Dornbirn, S. 5 – 96.

Thuro, K., Berner, C., Eberhardt, E. (2005): Der Bergsturz von Goldau 1806 – Versagensmechanismen in wechsellagernden Konglomeraten und Mergeln. In: Moser, M. [Hrsg.]: Veröffentlichungen von der 15. Tagung Ingenieurgeologie, 6.-9-April 2005, Friedrich-Alexander-Universität, Erlangen, S. 303 – 308.

Thuro, K., Berner, C., Eberhardt, E. (2006): Der Bergsturz von Goldau 1806 – Was wissen wir 200 Jahre nach der Katastrophe? In: Bulletin für angewandte Geologie, Vol. 11/2, Dezember 2006, S. 13 – 24.

Varnes, D., J. (1984): Landslide hazard zonation: a review of principles and practice. United Nations Educational Scientific and Cultural Organization, Paris.

Varnes, D., J. (1978): Slope Movements Types and Processes. In: Schuster, R., L., Krizek, R., J. [Hrsg.]: Landslides: Analysis and Control, Special Report 176, Transp. Res. Board, National Academy of Sciences, Washington, DC, S. 11 – 33.

Veit, H. (2009): Die Alpen – Geoökologie und Landschaftsentwicklung. Verlag Eugen Ulmer, Stuttgart.

Werner, P., Kürschner, I., Huttenlocher, T., Hemmleb, J. (2010): Klettersteigatlas Alpen. Über 850 Klettersteige zwischen Wienerwald und Côte d´Azur. 6. Auflage, Bergverlag Rother, München.

Zepp, H. (2004): Geomorphologie. Eine Einführung. 3. durchgesehene Ausgabe, Schöningh Verlag, Paderborn.